Antonina Kuzhym

A incubadora tecnológica como um módulo do ecossistema

Antonina Kuzhym

A incubadora tecnológica como um módulo do ecossistema

A incubadora tecnológica como solução organizacional no âmbito do ecossistema de implementação efectiva do modelo de inovação

ScienciaScripts

Imprint
Any brand names and product names mentioned in this book are subject to trademark, brand or patent protection and are trademarks or registered trademarks of their respective holders. The use of brand names, product names, common names, trade names, product descriptions etc. even without a particular marking in this work is in no way to be construed to mean that such names may be regarded as unrestricted in respect of trademark and brand protection legislation and could thus be used by anyone.

Cover image: www.ingimage.com

This book is a translation from the original published under ISBN 978-620-7-65437-6.

Publisher:
Sciencia Scripts
is a trademark of
Dodo Books Indian Ocean Ltd. and OmniScriptum S.R.L publishing group

120 High Road, East Finchley, London, N2 9ED, United Kingdom
Str. Armeneasca 28/1, office 1, Chisinau MD-2012, Republic of Moldova, Europe
Managing Directors: Ieva Konstantinova, Victoria Ursu
info@omniscriptum.com

Printed at: see last page
ISBN: 978-620-8-18644-9

Antonina Kuzhym

A incubadora tecnológica como um módulo do ecossistema

A incubadora tecnológica como solução organizacional no ecossistema do modelo de desenvolvimento da produção industrial

Figura 1
Exemplo de um local de trabalho numa empresa em fase de arranque que funciona como parte de uma incubadora tecnológica.

Anotação

Para o desenvolvimento inovador da sociedade, foi encontrada uma solução organizacional que, embora continue a ser optimizada, modificada e melhorada, é, a julgar pelos primeiros resultados, a mais encorajadora e promissora. Esta solução é a organização das chamadas incubadoras tecnológicas, onde as novas ideias são cristalizadas e levadas ao nível de perfeição e prontidão comercial determinado pelo mercado. Simultaneamente, iniciava-se a era da alta tecnologia, o que permitiu, no início deste processo, formular corretamente as principais metas e objectivos para a organização das primeiras estruturas inovadoras, que foram designadas, por analogia com as estufas onde se cultivam plantas que gostam de calor em condições de estufa, por estufas tecnológicas, mais tarde rebaptizadas por incubadoras tecnológicas.

Palavras-chave

Incubadora de tecnologia; Ecossistema; Implementação efectiva; Modelo inovador de desenvolvimento da produção industrial e agrícola; Arranjo estrutural da base do ecossistema; Computador quântico; Visualização da realidade aumentada; Laboratórios de ensaio; Leis do desenvolvimento de sistemas técnicos; Normalização; Transferência de tecnologia.

Índice

Introdução

Leis e práticas do desenvolvimento integrado de sistemas técnicos integrados e de supersistemas em condições de aplicação de computadores quânticos e das suas modificações simplificadas em combinação com elementos incorporados de inteligência artificial e de redes neurais artificiais.

Devido ao fator-chave que determina a eficiência das empresas inovadoras e a correção da escolha da estratégia de patentes e licenças para o desenvolvimento de projectos inovadores com um elevado nível de novidade mundial das soluções técnicas e de software utilizadas, os investidores e gestores de novos projectos (pode-se dizer - pioneiros) enfrentam a falta do nível necessário de velocidade e profundidade do processamento analítico instantâneo da informação ao modelar processos nos computadores modernos.

A informação sobre os resultados positivos dos testes de um computador quântico criado na Google Corporation deu uma esperança razoável de progressos nesta direção. De acordo com a definição e a informação básica disponível, um computador **quântico** é um dispositivo informático que utiliza os fenómenos da mecânica quântica para transferir e processar dados.

(Um computador quântico (ao contrário de um computador convencional) funciona não com bits (capazes de assumir o valor de 0 ou 1), mas com cu-bits que têm os valores de 0 e 1 ao mesmo tempo.

Teoricamente, isto permite o processamento simultâneo de todos os estados possíveis dos sistemas a todos os níveis (supersistemas e subsistemas), alcançando uma superioridade significativa em relação aos computadores convencionais.

Além disso, a falta de tais ferramentas analíticas aumenta atualmente de forma significativa a parte dos custos do orçamento dos projectos de inovação, uma vez que exige despesas significativas com a modelização informática e a procura a alta velocidade de opções com avaliação analítica caraterística da sua aceitabilidade e de todos os aspectos da eficiência.

Além disso, as leis do desenvolvimento de sistemas técnicos formuladas na TRIZ (teoria da resolução inventiva de problemas) não podem refletir toda a variedade de tarefas, funções e atributos de um objeto multifuncional moderno e, tendo em conta todos os factores novos e emergentes que caracterizam um objeto inovador, é necessário redefinir estas leis, ligando-as às leis do desenvolvimento de estruturas comerciais e da comercialização de ideias inovadoras.

As formulações devem basear-se nos dados obtidos e nos resultados de testes de computadores quânticos, tendo em conta a natureza das contradições básicas identificadas no objeto inovador .

A abordagem dialética (análise das contradições) integrada na principal ferramenta de resolução de problemas, que era o ARIZ (algoritmo para a resolução de problemas inventivos), foi distorcida pela introdução de novos conceitos (contradição técnica e física) cuja modelização em tempo real não era possível graças à velocidade e à potência dos computadores existentes.

Estes novos conceitos distorceram de certa forma a essência da contradição dialética formulada na lógica dialética, o que levou a dificuldades na identificação da contradição quando se tentava resolver problemas reais de inovação inventiva com a ajuda da ARIZ, devido à falta do recurso necessário de velocidade, profundidade e âmbito dos processos e aparelhos de modelização.

Deveríamos concentrar-nos nesta questão separadamente, mas há uma questão de princípio extremamente importante - o que pode ser considerado uma verdadeira tarefa inventiva inovadora?

Do ponto de vista de um investidor ou de um gestor de projeto, a avaliação analítica do desenvolvimento do projeto requer uma orientação clara da situação e uma modelização analítica de acordo com o seguinte esquema: como é que uma formulação correta ou incorrecta do problema inventivo pode afetar a comercialização da invenção que surgiu?

A formulação correta ou incorrecta das tarefas e objectivos do projeto, na ausência de uma modelação passo a passo, pode levar a uma má compreensão da questão clássica - é possível proteger a solução técnica resultante contra cópias não autorizadas?

A procura de respostas para todas estas e muitas outras questões está agora a tornar-se uma parte importante da dialética da criação de uma estratégia de desenvolvimento de projectos comerciais inovadores e de patentes e licenças fiáveis de invenções criadas no âmbito da implementação de projetos em todas as etapas e fases de desenvolvimento.

Apresenta-se em seguida um resumo da estrutura, das actividades e das ligações de investigação e produção dos viveiros de tecnologia existentes.

Estruturas governamentais concebidas para organizar, financiar e ajudar os projectos inovadores a abrirem caminho no turbulento mar comercial.

Os viveiros de tecnologia são geridos pelo Ministério da Indústria e do Comércio e, em parte, pelo Ministério da Agricultura.

Estes dois ministérios dispõem de um orçamento especial para financiar as actividades dos viveiros de empresas tecnológicas, com um orçamento especial para investir diretamente no projeto e um orçamento especial para financiar a gestão do projeto.

Cientista-chefe do Ministério da Indústria e do Comércio - este cargo e o departamento que lhe está associado existem para prestar assistência metodológica aos viveiros tecnológicos e à criação de empresas e para supervisionar projectos em viveiros tecnológicos.

O departamento do cientista-chefe dispõe de unidades e equipas de peritos altamente profissionais, tanto a tempo inteiro como a tempo parcial, que assumem a carga principal e, por conseguinte, a responsabilidade pessoal pelos projectos que recomendam para inclusão no plano temático das incubadoras tecnológicas.

A cada um dos peritos são atribuídos vários projectos em diferentes incubadoras e cada perito é uma figura-chave na supervisão e no financiamento desses projectos.

Instituto de Exportação.

O Instituto de Exportação fornece aos projectos em incubadoras tecnológicas toda a assistência metodológica e informativa necessária. Além disso, o Instituto de Exportação concede, numa base competitiva, grandes subsídios (cerca de 120 mil dólares) para os projectos de exportação mais promissores.

O Instituto também presta assistência na produção de prospectos e outros materiais informativos e promove produtos inovadores recentemente criados nos mercados mundiais.

Instituto de Normas do Estado.

Uma vez que a conformidade com as normas internacionais é uma das principais condições para a promoção de um produto inovador no mercado, existe uma prática estável de cooperação e colaboração contínuas entre os viveiros de tecnologia e o Instituto de Normalização.

A qualidade irrepreensível da avaliação e do controlo das caraterísticas técnicas dos produtos inovadores, efectuada nos laboratórios do Instituto de Normalização com os mais modernos e eficazes equipamentos de controlo e de medição, é um dos aspectos mais importantes.

Figura 2

Local de trabalho combinado de um funcionário de uma startup numa incubadora tecnológica.

Laboratórios de ensaio comerciais.

Para além do instituto de normalização, existe também uma rede de laboratórios de ensaio comerciais que podem testar um produto inovador de acordo com as normas actuais que não são aceites na Europa, por exemplo.

Além disso, por vezes, as normas correspondentes às normas internacionais, como as medidas de peso ou as dimensões lineares, não são aceites ou aplicadas nos países para os quais o produto inovador será exportado.

A fim de preencher este nicho e obter informações sobre a conformidade com as normas locais na fase de desenvolvimento do produto, os viveiros de empresas tecnológicas tiram o máximo partido das vantagens da cooperação com laboratórios de ensaio comerciais

Empresas estatais monopolistas.

Em muitos países, as infra-estruturas nacionais são controladas por empresas estatais monopolistas.

Para evitar qualquer atrito ou mal-entendido, se o projeto de inovação estiver relacionado com os objectos da infraestrutura nacional e tiver de ter em conta todos os recursos disponíveis, os viveiros tecnológicos, em caso de necessidade técnica ou comercial, envolvem as empresas monopolistas em plena parceria ou conduzem o seu trabalho no projeto em plena conformidade com os requisitos das empresas monopolistas.

Figura 3

Um exemplo de um produto de arranque numa incubadora tecnológica. O produto é uma linha de produção automática de componentes electrónicos, e a mesma linha inclui módulos para a produção automática de peças e um transportador para montagem e teste. Este é um importante elemento de novidade e constitui a base para o registo de patentes integrativas ao abrigo da legislação de patentes dos EUA.

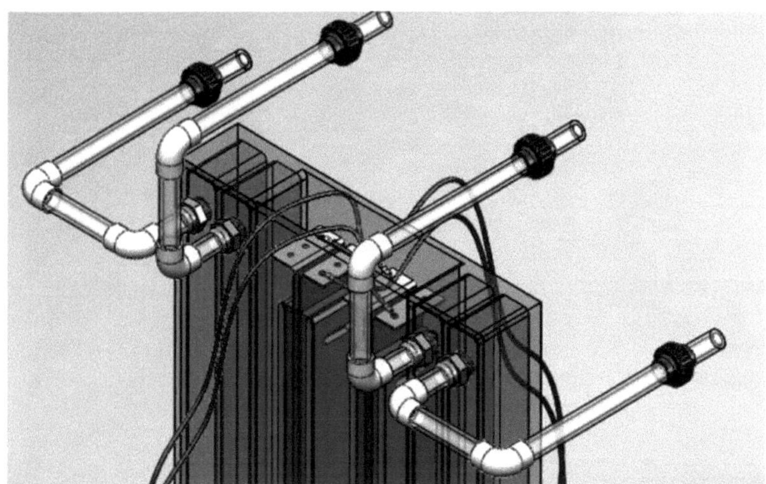

Figura 4

Exemplo de um projeto de produto para uma empresa em fase de arranque no âmbito de uma incubadora tecnológica. O produto é um reator eletroquímico inovador com duas células electroquímicas paralelas. O processo de tratamento é efectuado num fluxo ascendente do líquido ou emulsão tratada. Este é um importante elemento de novidade e é a base para o registo de patentes integrativas ao abrigo da lei de patentes dos EUA.

Figura 5

Exemplo de uma conceção de um produto de arranque no âmbito de uma incubadora tecnológica. O produto é um reator eletroquímico inovador com duas células electroquímicas paralelas que funcionam num ciclo totalmente automático com um robô que conduz a descarga e o carregamento. O processo de tratamento é efectuado num fluxo ascendente do líquido ou emulsão tratada. O fluxo é faseado, permitindo a montagem da linha a partir de uma série sequencial de módulos de trabalho. Este é um importante elemento de novidade e constitui a base para o registo de patentes integrativas ao abrigo da legislação de patentes dos EUA.

Figura 6

A figura mostra um exemplo de desenvolvimento e ilustração de um produto inovador de uma startup que trabalha em contacto com os laboratórios de uma grande universidade tecnológica.

Fundos de investimento interestatais e regionais.

Os viveiros de tecnologia aproveitam todas as oportunidades para financiar projectos em tempo útil. Para o efeito, foram criados vários fundos de investimento especializados regionais (europeus) e americano-israelitas para financiar projectos conjuntos e investigação (como o fundo BERD).

Uma vez que cada fundo tem o seu próprio padrão de financiamento e um conjunto de requisitos para determinar a elegibilidade dos projectos para financiamento, os viveiros de empresas tecnológicas, ao celebrarem contratos com novas empresas na sua estrutura, têm em conta antecipadamente os possíveis requisitos destes fundos e preparam as novas empresas para o momento em que podem necessitar de investimento adicional.

Serviços municipais.

Nas localidades onde se situam os viveiros de empresas tecnológicas (que são empregadores importantes para as pequenas comunidades), os serviços municipais locais tentam ajudar os viveiros de empresas tecnológicas em todas as questões organizativas que são, em maior ou menor grau, da competência dos serviços municipais, de modo a que, quando se formam novas empresas inovadoras, a administração do viveiro de empresas tecnológicas providencie a criação de uma base lógica e material para este tipo de cooperação.

Associações profissionais públicas.

As associações profissionais públicas, como as associações de engenheiros e arquitectos e muitas outras, tentam chamar a atenção dos seus membros para os problemas resolvidos nas incubadoras tecnológicas e os profissionais pertencentes a estas associações, especialmente os reformados, tentam, se possível devido às especificidades do projeto, transmitir a sua experiência na resolução de problemas técnicos e comerciais semelhantes.

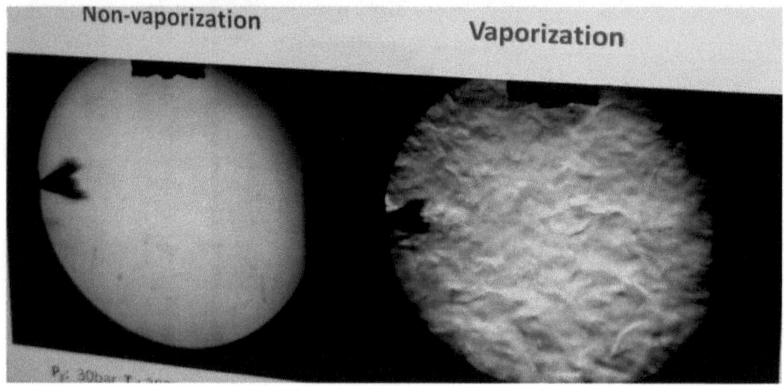

Figura 7

A figura mostra um exemplo de desenvolvimento e ilustração de um produto inovador de uma startup que trabalha em contacto com os laboratórios de uma grande universidade tecnológica.

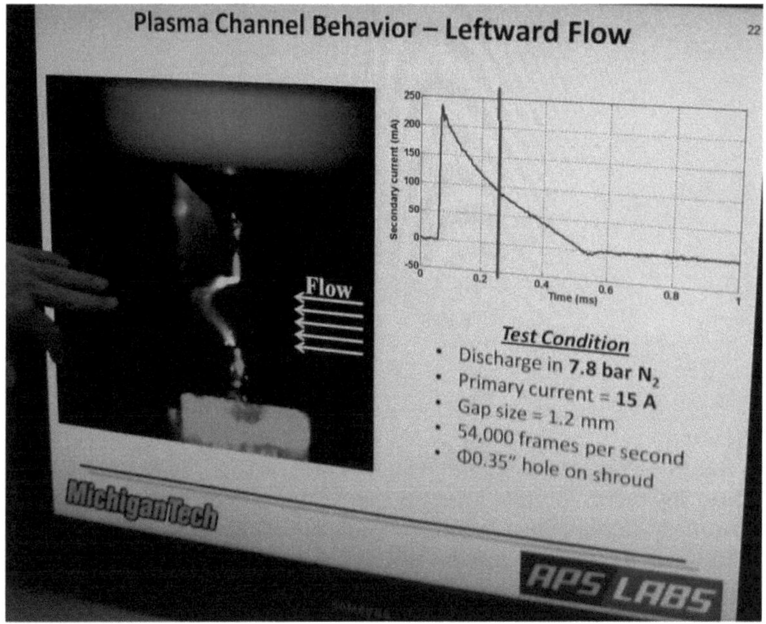

Figura 8

A figura mostra um exemplo de desenvolvimento e ilustração de um produto inovador de uma startup que trabalha em contacto com os laboratórios de uma grande universidade tecnológica.

Universidades técnicas.

Muitas universidades criaram as suas próprias incubadoras de tecnologia, para as quais são transferidos, em primeiro lugar, projectos promissores de estudantes e investigadores acreditados por essas universidades.

As condições nas incubadoras tecnológicas são relativamente uniformes e as incubadoras tecnológicas das universidades apenas diferem por terem pessoal mais jovem e condições mais confortáveis para o desenvolvimento de projectos, uma vez que as instalações laboratoriais das universidades também são utilizadas para a implementação de projectos nas incubadoras tecnológicas universitárias.

Grandes empresas multinacionais

Essas empresas, com os recursos financeiros, produtivos e tecnológicos mais concentrados, podem fazer avançar mais rapidamente as inovações, mas naturalmente os seus interesses são puramente egoístas - promovem apenas o que é interessante, rentável e importante para elas. Mesmo nestas condições, é difícil sobrestimar o papel destas empresas e a sua participação no desenvolvimento inovador e, consequentemente, no desenvolvimento de viveiros tecnológicos. Faz sentido discutir as especificidades do trabalho com essas empresas no domínio da inovação separadamente numa nova publicação.

Figura 9

A figura mostra um exemplo de desenvolvimento e ilustração de um produto inovador de uma startup que trabalha em contacto com os laboratórios de uma grande universidade tecnológica.

Seleção de ideias para formar projectos.

Cada incubadora de tecnologia tem hoje a sua própria especialização, embora nas fases iniciais das incubadoras se pudessem desenvolver projectos de várias áreas tecnológicas.

Com a emergência da especialização e, sobretudo, a partir do momento da privatização parcial (e, em alguns viveiros tecnológicos, total), a seleção de ideias e projectos tornou-se mais sistemática, o que permitiu identificar projectos problemáticos do ponto de vista da comercialização nas fases da sua especialização tecnológica. Isto permitiu concentrar os recursos financeiros em produtos mais realistas do ponto de vista do sucesso do mercado e assegurou poupanças financeiras significativas.

Sistemas de incentivo e assistência existentes para o primeiro período de desenvolvimento do projeto.

As regras de trabalho das incubadoras tecnológicas estipulam, em primeiro lugar, os esquemas de organização do trabalho dos projectos e o seu desenvolvimento tecnológico da forma mais económica possível, especialmente nas primeiras fases de desenvolvimento. Isto já foi suficientemente discutido neste artigo, e podemos dar apenas um exemplo de como o sistema de concessão de um adiantamento de 10% do financiamento total para um novo projeto proporciona uma oportunidade para atrair os especialistas necessários para trabalhar no projeto desde os primeiros momentos do seu desenvolvimento.

As feiras industriais internacionais e o seu impacto no sucesso da promoção de projectos.

Para comparar os principais indicadores comerciais, de consumo e técnicos de um produto ou tecnologia inovadora que se tornou a base para a formação de uma nova empresa numa incubadora tecnológica, a melhor base para essa comparação são as exposições de todos os tipos de exposições industriais e comerciais.

A análise de tais exposições é uma das tarefas do especialista em comercialização e, da forma como reage aos resultados dessa análise, depende o caminho de desenvolvimento das qualidades comerciais do produto, que pode levar a uma vitória competitiva ou pode levar ao fracasso, em caso de avaliação pouco profissional e inadequada.

Formação de especialistas em peritagem técnica e comercial de projectos.

A especialização dos projectos de inovação e a necessidade de os avaliar, bem como as conclusões dessa avaliação, que são fornecidas aos investidores e aos parceiros estratégicos da indústria e da agricultura, criaram uma necessidade no mercado de especialistas em comercialização

.

Muitos desses especialistas foram formados em universidades, mas atualmente o mercado é conduzido e dominado simplesmente por indivíduos talentosos que moldam e criam o sucesso comercial de um produto inovador.

Muitas vezes, são eles que sintetizam uma ideia e a propõem aos especialistas técnicos, que só têm de, como se costuma dizer, embalar a ideia num produto. De acordo com a experiência dos últimos anos, estes são os projectos mais bem sucedidos em termos comerciais.

Transferência de tecnologia.

Os projectos internacionais são frequentemente abertos e implementados com sucesso em incubadoras tecnológicas. O esquema de cooperação com estufas tecnológicas em Israel e noutros países, tal como os autores o imaginam, é apresentado aos leitores. Isto não se aplica aos projectos que já estão a ser implementados numa empresa e que têm os investimentos necessários ou fundos próprios para este fim.

Também não se aplica aos projectos que são transferidos para qualquer empresa inovadora ou que serão propostos por qualquer empresa inovadora para implementação em qualquer estufa tecnológica atualmente em funcionamento em Israel.

Dado o interesse excepcional que se verifica atualmente no mercado das tecnologias inteligentes que utilizam elementos da inteligência artificial e das redes neuronais artificiais, o governo federal dos Estados Unidos introduziu um programa em quatro domínios: - para a investigação aberta sobre a inteligência artificial; - para a investigação sobre a inteligência artificial com recursos que garantam a privacidade e a segurança; - para a investigação sobre a inteligência artificial com recursos que garantam a privacidade e a segurança.

Figura 10

A figura mostra um exemplo de desenvolvimento e ilustração de um produto inovador de uma startup que trabalha em contacto com os laboratórios de uma grande universidade tecnológica.

Figura 11

A figura mostra um exemplo de desenvolvimento e ilustração de um produto inovador de uma startup que trabalha em contacto com os laboratórios de uma grande universidade tecnológica.

Figura 12.

A figura mostra um exemplo de desenvolvimento e ilustração de um produto inovador de uma startup que trabalha em contacto com os laboratórios de uma grande universidade tecnológica.

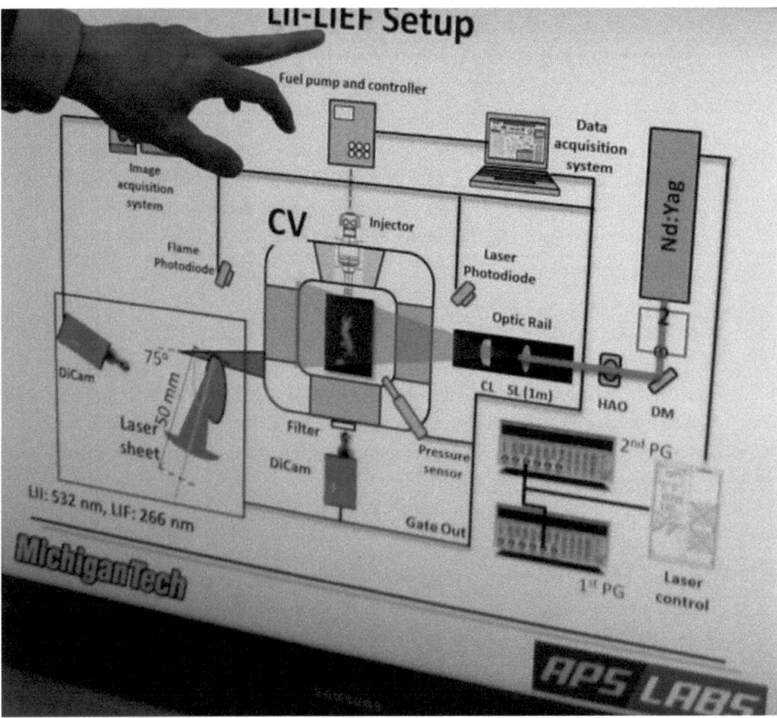

Figura 13.

A figura mostra um exemplo de desenvolvimento e ilustração de um produto inovador de uma startup que trabalha em contacto com os laboratórios de uma grande universidade tecnológica.

No esquema de trabalho no mercado das novas tecnologias, cuja ideia de base teve origem, por exemplo, nos EUA, é proposta a seguinte sequência de etapas organizacionais e técnicas:

1. O iniciador do projeto ou o autor da ideia encontra um investidor principal privado ou qualquer outro investidor de, pelo menos, 50 000 dólares.

2. Os candidatos dirigem-se a uma incubadora tecnológica (através de uma empresa americana ou israelita), onde é organizado um projeto em determinadas condições normalizadas desenvolvidas na incubadora tecnológica e acordadas e aprovadas pelo cientista-chefe do Ministério da Indústria e do Comércio de Israel.

3. A estufa tecnológica (Israel) ou incubadora tecnológica encomenda a uma empresa intermediária, também em condições normais, a realização de todos os trabalhos necessários para a primeira verificação da realidade da ideia e a sua posterior proteção por patente.

4. A empresa intermediária transfere todos os materiais para a incubadora tecnológica, que paga à empresa intermediária um determinado montante do investimento inicial.

5. A Incubadora Tecnológica oferece aos autores e aos seus primeiros investe várias opções para o desenvolvimento posterior do projeto, em função do grau de sucesso do projeto na fase da sua análise e verificação na incubadora tecnológica ou em qualquer outra estrutura competente.

6. Se todas as partes estiverem de acordo, e se o nível técnico o permitir, é preparada uma apresentação do projeto para o Conselho de Administração da estufa tecnológica israelita ou da incubadora tecnológica. O Conselho de Administração decide sobre as opções para uma maior promoção do projeto e, se tudo cumprir os requisitos técnicos e comerciais básicos, decide abrir uma empresa inovadora na incubadora tecnológica.

7. Para a empresa intermediária, o pagamento de todo o trabalho preparatório e de peritagem técnica do projeto é o interesse na empresa aberta no centro tecnológico israelita e o pagamento, a partir do orçamento da empresa recém-aberta, de todo o trabalho que a empresa intermediária fez para apresentar o projeto para peritagem no centro tecnológico israelita, para a tradução dos materiais do projeto para hebraico, etc.

8. Todas as partes, após terem decidido abrir uma nova empresa inovadora em princípio, devem igualmente concordar com a localização subsequente da empresa na Zona de Desenvolvimento Prioritário A ou B de Israel, a fim de beneficiarem de todas as vantagens previstas na lei (as principais disposições em matéria de vantagens incluem - isenção total do imposto sobre o rendimento da

empresa inovadora durante um período de 10 anos. Reembolso de cerca de 36% de todos os custos de aquisição de equipamento de produção e de laboratório; ajuda ao pagamento dos custos de mão de obra do pessoal de produção durante o primeiro ano de atividade, etc.). A empresa intermediária pode também trabalhar com o Instituto de Exportação de Israel e procurar obter subsídios (até 120.000 dólares por ano) para projectos com um potencial de exportação significativo.

9. No caso de o modelo de comercialização de uma nova empresa gravitar geograficamente em países e regiões que não são típicos da cooperação com empresas israelitas, é aceite qualquer outro esquema de desenvolvimento da empresa e do seu produto.

10. A incubadora tecnológica, juntamente com a empresa intermediária, pode, por sua vez, testar ideias e projectos apresentados por outras estufas tecnológicas israelitas e implementá-los em regiões não tradicionais de Israel, com base em acordos e condições de pagamento separados.

Fases e etapas da promoção de um projeto, da ideia à realização comercial.

Trata-se de uma questão muito especial e varia significativamente em função das especificidades do projeto e do seu lugar no mercado. Pode dizer-se que este processo em projectos de inovação não difere muito das formas classicamente aceites e é optimizado em função de muitos factores. Na aplicação prática, a definição da natureza e da sequência das etapas e fases é muitas vezes efectuada de acordo com tabelas especiais desenvolvidas pelos iniciadores e sobre as quais existem publicações específicas mais detalhadas em sítios Web de inovação.

Cooperação com a comunidade de advogados de patentes.

Uma vez que a estratégia de patentes e a proteção de patentes de iniciativas inovadoras são uma parte extremamente importante do processo de inovação, a cooperação com advogados de patentes e a seleção do advogado certo é uma das condições para a promoção bem sucedida do projeto, especialmente nas primeiras fases.

Para que este processo tenha uma forma mais previsível e um resultado final mais seguro, é normalmente desenvolvida uma estratégia de patentes e de licenciamento antes de recorrer a advogados de patentes, tendo em conta muitos dos factores específicos inerentes à inovação.

A fim de obter condições mais favoráveis para este trabalho e de obter indicadores mais elevados no plano tecnológico e jurídico, o princípio de um elevado nível de concorrência entre advogados é plenamente utilizado, o que garante o resultado necessário.

Colaboração com especialistas na comercialização de projectos e ideias técnicas.

De facto, especialistas em comercialização de diferentes escolas e níveis de competência estão constantemente presentes no campo da inovação, e a sua escolha competitiva correta pode determinar em grande medida condições mais favoráveis para o financiamento do projeto e um caminho mais curto e mais bem sucedido para a sua implementação comercial. A escolha de tal especialista é um processo importante e, em muitos aspectos, o sucesso dessa escolha é determinado pela seleção preliminar de uma empresa que possa ajudar na avaliação do próprio projeto de inovação na sua classificação tecnológica correta.

Requisitos para projectos desenvolvidos em incubadoras de tecnologia.

Os seguintes documentos e materiais devem ser incluídos, ou recomenda-se que sejam incluídos, nos materiais do projeto quando apresentados ao mediador pela empresa:

Composição e estrutura dos objectos de propriedade intelectual pertencentes à empresa ou grupo de iniciativa - candidatos ao projeto. Em regra, todas as áreas tecnológicas, que se encontram em diferentes fases de desenvolvimento na empresa - requerente do projeto, são objectos complexos de propriedade intelectual.

Cada domínio tecnológico será representado por uma estrutura sistemática de elementos constituintes que incluem os seguintes documentos principais:

1. Previsão do desenvolvimento tecnológico da direção num futuro próximo e distante.

2. Estratégia de patentes e de licenças para todos os produtos da linha de negócio para todas as etapas e fases do projeto e para todas as etapas e fases de produção e comercialização.

3. O princípio e as patentes de base das invenções subjacentes à direção tecnológica .

4. Patentes de aplicação resultantes do desenvolvimento de uma tendência tecnológica.

5. Invenções criadas por empregados e parceiros da empresa candidata ao projeto, antes da organização da empresa candidata, para as quais existem certificados de direitos de autor em nome do empregado ou parceiro, ou outros documentos legais

6. Relatórios sobre trabalhos de investigação e desenvolvimento realizados por empregados e parceiros da empresa - o candidato do projeto nesta área tecnológica não está dentro da empresa.

7. Modelos SolidWorks sobre todas as modificações de produtos de direção tecnológica, incluindo todas as variantes de

conjuntos, unidades, peças e modelos para simulação digital e virtual do funcionamento do produto.

8. Princípios básicos da tecnologia de fabrico de peças e conjuntos de produtos de direção tecnológica.

9. Um conjunto completo de documentação de conceção e de processo de trabalho para o fabrico de produtos de direção tecnológica.

10. Programas ajustados para máquinas CNC, concebidos para a produção de protótipos de produtos desta direção tecnológica.

11. Programas e metodologias para todos os tipos necessários de ensaios de protótipos e ensaios de produtos de direção de processos em todas as etapas e fases de produção.

12. Modelos reais de produtos inovadores de direção tecnológica e resultados de ensaios de campo de produtos tecnológicos de direção agrícola.

13. Documentação operacional e de acompanhamento para produtos de direção tecnológica, incluindo instruções tecnológicas para instalação, preservação, armazenamento, reparação e transporte.

14. Protótipos reais de produtos de orientação tecnológica.

15. Descrições técnicas de princípios e dispositivos de equipamento tecnológico especial para o fabrico de peças básicas e montagem de produtos de direção tecnológica; materiais para registo de pedidos de patente para o equipamento tecnológico especial especificado .

Naturalmente, todos estes são conteúdos aproximados dos documentos e, para cada projeto, dependendo das suas especificidades e condições de implementação e realização no mercado, bem como dos requisitos dos potenciais investidores, esta lista pode mudar significativamente.

São particularmente dignos de nota os projectos no domínio da biotecnologia e da engenharia genética, para os quais é muito provavelmente necessária uma excursão especial de peritos tecnológicos e comerciais.

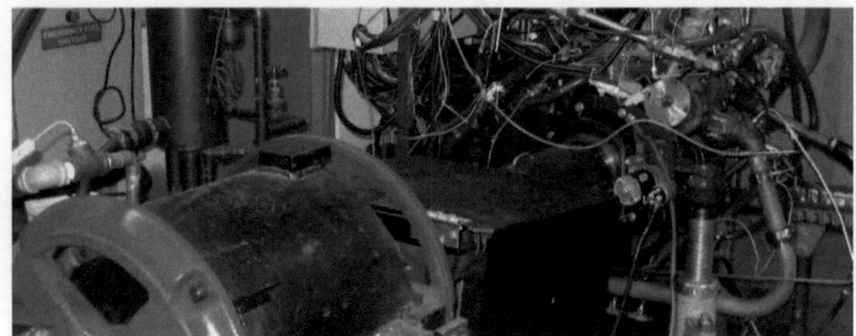

Figura 14

A figura mostra um exemplo de desenvolvimento e ilustração de um produto inovador de uma startup que trabalha em contacto com os laboratórios de uma grande universidade tecnológica.

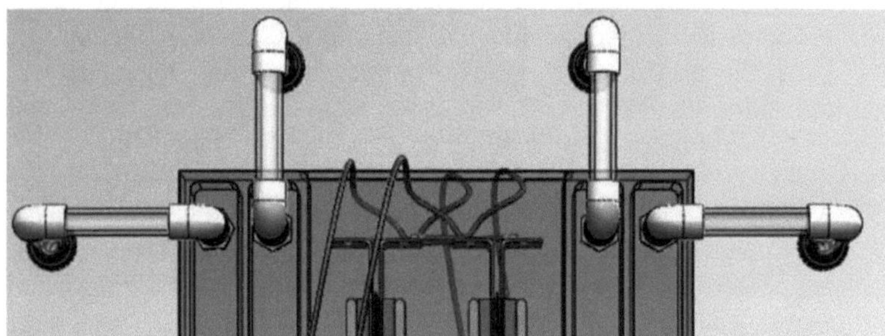

Figura 15

Exemplo de um projeto de produto para uma empresa em fase de arranque no âmbito de uma incubadora tecnológica. O produto é um reator eletroquímico inovador com duas células electroquímicas paralelas. O processo de tratamento é efectuado num fluxo ascendente do líquido ou emulsão tratada. Este é um importante elemento de novidade e é a base para o registo de patentes integrativas ao abrigo da lei de patentes dos EUA.

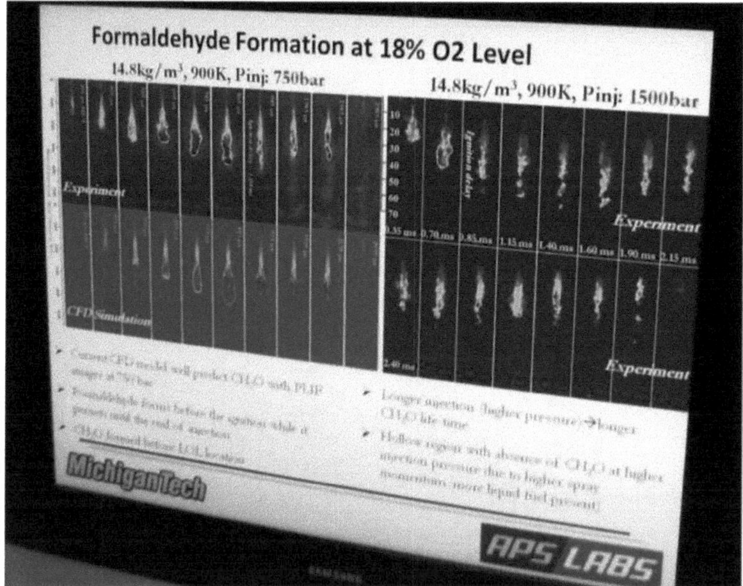

Figura 16

A figura mostra um exemplo de desenvolvimento e ilustração de um produto inovador de uma startup que trabalha em contacto com os laboratórios de uma grande universidade tecnológica.

Proposta de opções para a organização de viveiros de tecnologia na Ucrânia.

A Ucrânia tem todas as condições e pré-requisitos necessários para a organização de incubadoras tecnológicas.

Milhares de especialistas qualificados estão a trabalhar; ao longo dos anos de funcionamento estável das empresas do complexo militar-industrial, foi acumulada uma enorme experiência técnica e de produção; ao longo dos anos, foi criado pessoal de engenharia, cujo nível de especialização profissional está no auge dos requisitos para o início de soluções técnicas inovadoras.

A Ucrânia acumulou uma experiência única de produção agrícola, que, em combinação com condições naturais especiais, sem paralelo no mundo (apenas um exemplo - o famoso chernozem ucraniano), cria pré-requisitos para a criação de empresas agrícolas com o mais alto nível de eficiência e rentabilidade.

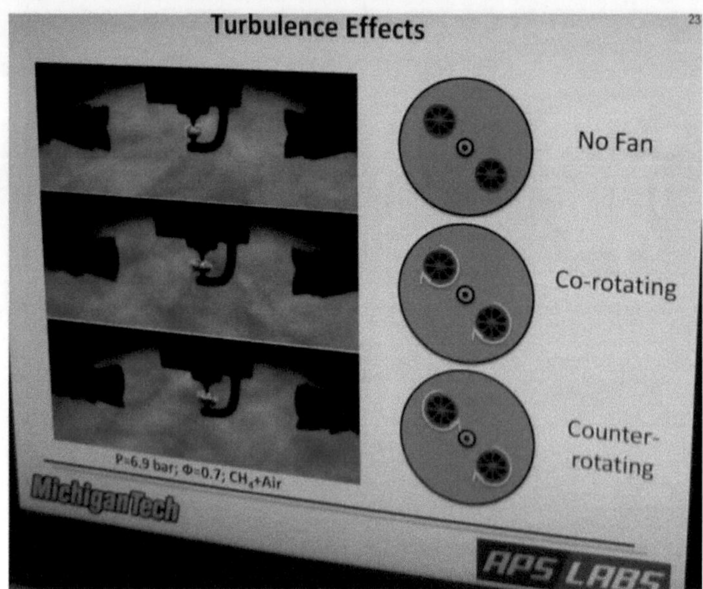

Figura 17

A figura mostra um exemplo de desenvolvimento e ilustração de um produto inovador de uma startup que trabalha em contacto com os laboratórios de uma grande universidade tecnológica.

É claro que é impossível cobrir toda a Ucrânia com uma rede de incubadoras tecnológicas de uma só vez, e não é conveniente, porque com toda a sua natureza revolucionária técnica e comercial, a criação de incubadoras tecnológicas altamente eficazes é ainda um processo evolutivo. A organização dos primeiros passos na formação de incubadoras tecnológicas na Ucrânia parece ser possível e conveniente na seguinte sequência:

- Em primeiro lugar, com base na opinião de especialistas ucranianos, é necessário identificar o domínio da tecnologia em que o potencial científico, comercial e histórico total da Ucrânia é o mais elevado e competitivo;

- Não faz sentido fazer previsões e suposições prematuras e antecipadas, e como nos parece mais correto, é necessário anunciar concursos para o melhor projeto tecnológico em todas as esferas de produção, principalmente agrícola, em todas as regiões da Ucrânia; para avaliar o nível técnico e comercial dos projectos propostos, é aconselhável formar os termos dos concursos e um grupo de peritos, para o qual é muito útil convidar - para a primeira fase de avaliação - especialistas em comercialização de soluções inovadoras dos Estados Unidos (de preferência dos EUA).

Na proposta, o domínio de atividade da estufa tecnológica (ou incubadora), que está organizada numa das regiões da Ucrânia, divide-se em trabalho na Ucrânia e cooperação internacional;

No esquema de trabalho no mercado de novas tecnologias na Ucrânia, os autores ou iniciadores do projeto têm à sua disposição a seguinte sequência de etapas organizacionais e técnicas para a sua formação (desde que a incubadora tecnológica já esteja aberta):

1. O iniciador do projeto ou o autor da ideia prepara as informações e os documentos técnicos necessários e procura o primeiro investidor privado ou qualquer outro investidor no valor de, pelo menos, 50 mil dólares. No caso de os autores ou iniciadores terem dificuldades na procura, faz sentido contactar uma empresa de consultoria.

2. Depois de receberem o primeiro investidor privado, os autores da inovação, muito possivelmente em conjunto com o investidor ou com o seu representante autorizado, dirigem-se à incubadora tecnológica, onde, em determinadas condições normalizadas desenvolvidas na incubadora tecnológica, o projeto é organizado e, com base nele, é criada uma nova empresa inovadora.

Faz agora sentido desenvolver brevemente estas condições padrão (para esta incubadora de tecnologia).

Por analogia com a experiência existente, os investimentos na nova empresa devem incluir investimentos privados (no montante de aproximadamente 50 mil dólares, mas este é o mínimo necessário, e os investimentos privados podem ser ainda mais significativos no caso de o investidor privado ter plena confiança no projeto). Os restantes fundos necessários para a implementação do projeto são fornecidos pela incubadora de tecnologia (o que, como já foi determinado na prática, é de aproximadamente 400 mil dólares).

Tanto o investidor privado como a incubadora não depositam todos os fundos de uma só vez - primeiro a empresa recebe um adiantamento de 10% do valor total do investimento, e à medida que o projeto avança, desde que as etapas previstas estejam totalmente concluídas, são depositados os fundos correspondentes ao custo de cada etapa, assim os investidores seguram-se contra eventuais falhas ou erros de natureza tecnológica durante o projeto, pois em caso de erros e problemas, a parcela financeira seguinte só é feita após a eliminação dos erros e apenas com resultados positivos da etapa.

Como são distribuídas as acções da empresa?

Quando a empresa é organizada, os autores do projeto recebem 50% das acções, o investidor privado que contribuiu com 50.000 dólares recebe 15% das acções e as restantes acções (35%) são distribuídas entre a incubadora tecnológica (25%) e os empregados da empresa que mais contribuíram para a implementação do projeto (10%). Os reembolsos são feitos após o primeiro lucro do projeto e não mais de 5% do lucro por ano.

Em caso de fracasso e incapacidade de obter lucros comerciais do projeto, os fundos investidos não são devolvidos. Naturalmente, para atrair investidores, as estruturas estatais e governamentais devem encontrar incentivos adequados, o mais importante dos quais deve ser a isenção de impostos sobre o rendimento de uma nova empresa durante, pelo menos, 10 anos após o primeiro lucro.

É claro que tudo o que foi dito acima são apenas suposições e, na realidade, podem existir outras opções para a organização e a implementação do projeto de inovação.

Suponhamos agora que o projeto é bem sucedido e rentável. Neste caso, existem oportunidades adicionais para a sua comercialização. Isto aplica-se às opções de entrar em mercados estrangeiros com o projeto e, mais uma vez, se as circunstâncias forem favoráveis e bem sucedidas, trazer a empresa para as bolsas de valores dos EUA ou de países europeus.

Quem pode tornar-se parceiro na organização de incubadoras de tecnologia na Ucrânia.

Naturalmente, o parceiro mais importante e principal são as pessoas, os especialistas, os iniciadores de ideias e projectos inovadores. O segundo parceiro necessário e também muito importante, e parcialmente organizador, são os organismos governamentais, os organismos de governo autónomo local, as administrações regionais e distritais e, eventualmente, os organismos legislativos.

O terceiro parceiro profissional são os especialistas em patentes, os advogados de patentes, os advogados profissionais de patentes e os advogados de patentes.

O quarto parceiro são os organismos e laboratórios de normalização, os laboratórios de controlo e medição, os organismos estatais de supervisão técnica mineira, etc.

O quinto parceiro é constituído por institutos de investigação académicos e sectoriais, universidades e institutos especializados de ensino superior e secundário.

O sexto parceiro, - empresas industriais de base que mantiveram a sua produção e se mantiveram no mercado.

O sétimo parceiro aparentemente ainda não existe na realidade, mas é um parceiro muito importante: os fundos de risco de investimento e outras instituições de investimento, que deverão surgir na sequência de certos incentivos legislativos e de um sistema de preferências financeiras e fiscais.

Enquanto o sétimo parceiro está a ser organizado e constituído, existem pré-requisitos para atrair fundos de capital de risco semelhantes e investidores privados independentes do estrangeiro para a parceria formulada.

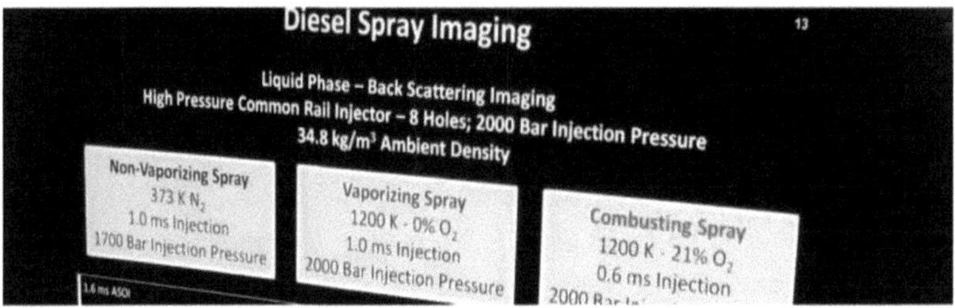

Figura 18

A figura mostra um exemplo de desenvolvimento e ilustração de um produto inovador de uma startup que trabalha em contacto com os laboratórios de uma grande universidade tecnológica.

Quem é desejável convidar para cooperar na organização e nos primeiros passos dos viveiros de empresas tecnológicas na Ucrânia.

Tal como foi anunciado em fevereiro de 2011, entrou em vigor um regime de isenção de vistos entre Israel e a Ucrânia. Isto significa que não haverá necessidade de gastar tempo e dinheiro para obter vistos e, se necessário, será possível viajar da Ucrânia para Israel e vice-versa, tal como se faz na Ucrânia. Naturalmente, isto simplificará os contactos, incluindo a nível profissional. Tendo em conta que cada oitavo residente de Israel fala russo e é portador da mesma cultura técnica e mentalidade que qualquer especialista da Ucrânia, é razoável concluir que quaisquer contactos profissionais podem ser extremamente frutuosos, produtivos e úteis, não exigindo custos adicionais com tradutores, etc.

Se analisarmos a experiência que os especialistas israelitas têm em muitos ramos da indústria e da agricultura, nos quais existe um interesse potencial da Ucrânia, é possível destacar alguns dos mais importantes e interessantes, que, em caso de cooperação, podem dar os resultados mais rápidos e mais elevados.

Trata-se de experiência na criação de materiais superduros e de materiais compósitos com base neles, de experiência na criação e utilização eficaz de microscópios electrónicos, de experiência na criação de materiais e materiais compósitos de carbono únicos e, finalmente, de uma experiência enorme e universalmente reconhecida em todos os domínios da produção agrícola e da criação de animais.

A tecnologia médica é uma secção especial do processo de inovação e vale a pena voltar a ela e abordar a experiência da sua implementação numa publicação separada.

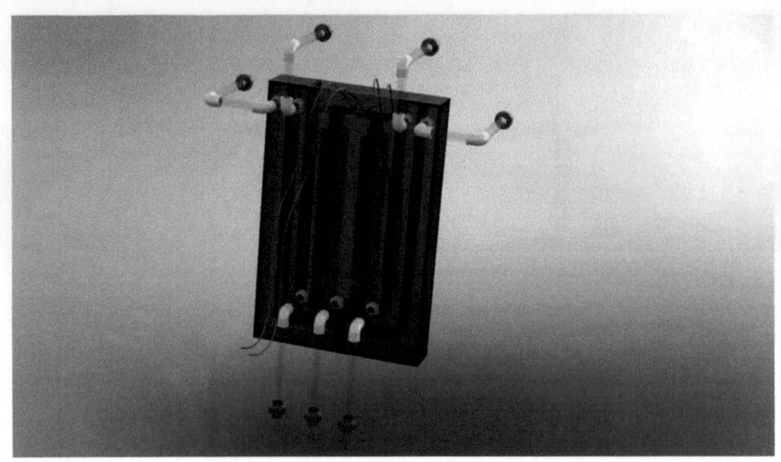

Figura 19
Exemplo de um projeto de produto para uma empresa em fase de arranque no âmbito de uma incubadora tecnológica. O produto é um reator eletroquímico inovador com duas células electroquímicas paralelas. O processo de tratamento é efectuado num fluxo ascendente do líquido ou emulsão tratada.

Este é um elemento importante da novidade e constitui a base para o registo de patentes integrativas ao abrigo da legislação de patentes dos EUA.

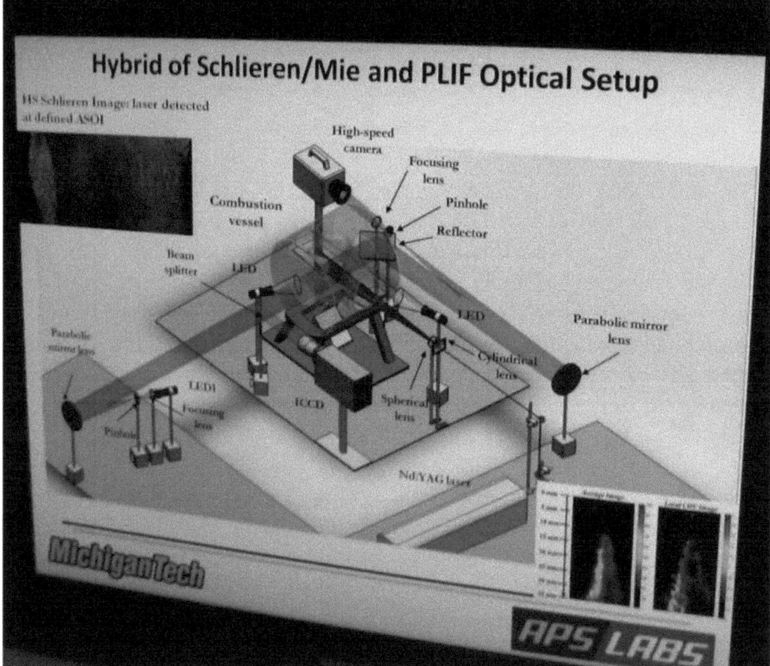

Figura 20

A figura mostra um exemplo de desenvolvimento e ilustração de um produto inovador de uma startup que trabalha em contacto com os laboratórios de uma grande universidade tecnológica.

Invenções que abrem uma tendência inovadora de ciência e tecnologia de serviços que define a visualização da realidade aumentada e a possibilidade da sua utilização generalizada.

As tecnologias de realidade aumentada no domínio da ótica de consumo e pessoal estão ainda a dar os primeiros passos, mas dadas as possibilidades de integração horizontal e vertical destas tecnologias e dos seus derivados nas necessidades de infra-estruturas pessoais e públicas, espera-se que tenham um grande futuro.

Os auscultadores que utilizam as tecnologias de realidade aumentada supramencionadas e as suas principais aplicações e combinações continuam a ser caros e desconfortáveis de usar durante todo o dia, mas o aumento previsto e antecipado do interesse dos consumidores por estes grupos de tecnologias e suas combinações está a forçar uma revisão analítica ativa deste tópico.

Uma vez que o aspeto do serviço e da manutenção de produtos baseados em grupos de tecnologias semelhantes e que acompanham várias soluções técnicas inovadoras ainda não foi resolvido, o autor deste artigo, tendo em conta a sua experiência na organização do serviço de manutenção de várias aplicações ópticas domésticas e pessoais, considera possível fazer algumas sugestões e ideias neste sentido.

A realidade aumentada (RA) refere-se à tecnologia de sobreposição de objectos virtuais à imagem do mundo real aos olhos de uma pessoa.

As aplicações de consumo mais populares da tecnologia são o navegador DR e os óculos DR. No navegador, os objectos virtuais são sobrepostos à imagem da câmara de um smartphone ou tablet, enquanto nos óculos são apresentados numa lente ou num mini-monitor. Especialistas e peritos continuam a analisar as perspectivas de um possível sucesso comercial quando os produtos baseados nestas tecnologias são introduzidos no mercado e, no processo de discussão, são revelados pormenores e circunstâncias interessantes, cuja correta compreensão pode proporcionar uma ajuda real na obtenção de um resultado positivo abrangente.

Desde o lançamento do primeiro projeto relativamente bem sucedido de óculos de realidade aumentada, já passou muito tempo, mas ainda não há uma ideia clara - qual deve ser a versão ideal de design desses óculos. Estes óculos, desde os primeiros segundos de utilização, causaram um efeito crescente de compreensão incompleta do seu papel e influência na intensificação da situação comercial no mercado de produtos semelhantes, mas, apesar de todas as expectativas, após um certo tempo, quando os utilizadores tiveram tempo suficiente para aprender a utilizar racionalmente e a brincar com o novo gadget, o interesse por ele desapareceu e a compreensão da situação não surgiu.

O facto é que, durante todo este tempo, os criadores não foram capazes de fazer dos óculos de realidade aumentada um dispositivo tão familiar como um smartphone, uma consola de jogos ou um smartwatch. Ao que parece ao autor desta publicação, uma das razões para esta situação é o estado das tecnologias de serviço, que ainda não estão preparadas para servir dispositivos tão complexos nas condições de produção em massa e, consequentemente, de consumo.

O catalisador do interesse pela tecnologia e um indicador da relevância da tecnologia é a situação atual da proteção das patentes destas novas tecnologias, que, quando analisada em pormenor, levanta também muitas questões.

O que é surpreendente é o facto de, apesar de os projectos e tecnologias de visualização de realidade aumentada, diretamente e em combinação com tecnologias relacionadas, poderem, quando implementados e integrados com tecnologias digitais já presentes no mercado, abrir novas direcções tecnológicas e prometer um rápido crescimento dos volumes de vendas, a dinâmica da proteção de patentes ser bastante lenta e inativa.

Ao efetuar uma pesquisa de patentes por palavra-chave, o autor encontrou apenas 133 pedidos de patentes para o Instituto de Patentes dos EUA e não foram encontradas concessões de patentes sobre este tópico. **Óculos de realidade adicional, - apenas 113 pedidos de patentes foram registados. Visualização da realidade adicional, - apenas 20 pedidos de patentes foram registados.**

A primeira análise dos pedidos de patentes publicados mostrou que todos estes pedidos são de natureza de pesquisa e não se centram na conceção e nos sistemas de óculos de realidade aumentada como produtos estabelecidos, especialmente porque todos os exemplos se referem a produtos na última fase de desenvolvimento, o que indica uma verdadeira falta de experiência em serviço e funcionamento

Uma vez que o autor desta série de artigos está empenhado na implementação prática destes produtos num mercado específico, constata-se que, para essa implementação, faltam atualmente várias soluções técnicas para os produtos e ferramentas que acompanham estas inovações, a primeira das quais inclui soluções técnicas e produtos concebidos para acompanhar os óculos de realidade aumentada na vida quotidiana, tais como a limpeza dos óculos de contaminantes inevitáveis na utilização quotidiana, tanto orgânicos como não orgânicos.

Uma vez que os vidros dos óculos de realidade aumentada são tão sujos como os vidros dos óculos normais, de um ponto de vista prático, a primeira coisa que deve ser considerada é a criação de uma tecnologia complexa para obter um líquido de limpeza e desinfeção a partir de água que não contenha concentrações elevadas de sais, incluindo sais de dureza.

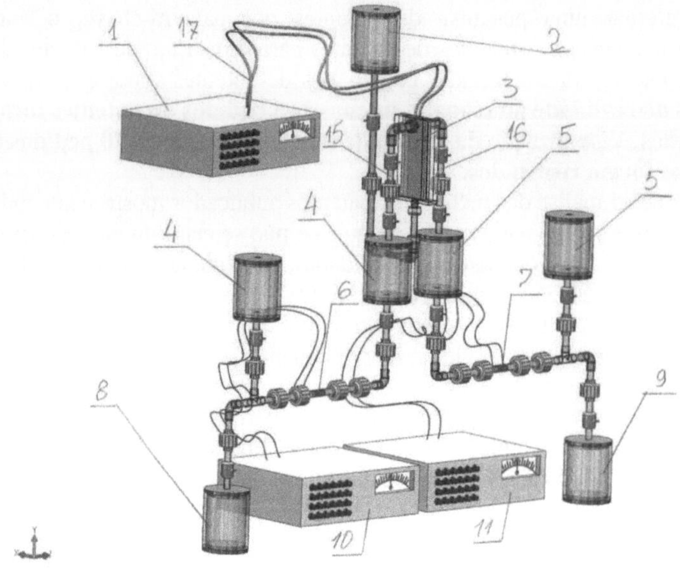

Figura 21

Sistema modelo para a correção bidirecional da acidez e da alcalinidade da água desionizada.

1 - fonte de alimentação para reator eletroquímico

2 - tanque com água desionizada para alimentar o reator eletroquímico

3 - reator eletroquímico com um espaço interelectrodos no qual o tratamento é efectuado em dois fluxos ascendentes paralelos

4 - recolha de água com um nível de acidez reduzido

5 - coletor de água com elevado nível de alcalinidade

6 - módulo sensor para medição de níveis de acidez reduzida

7 - módulo sensor para medição de níveis elevados de alcalinidade

8 - recolha de água com um nível de acidez reduzido

9 - coletor de água com elevado nível de alcalinidade

10 - gerador de impulsos para sensor de ressonância electromagnética

11 - gerador de impulsos para sensor de ressonância electromagnética

Mas isto não bastava, pois a realidade exigia **que o** fluido a utilizar na lavagem fosse isolante para eliminar eventuais impulsos de corrente localizados.

A análise das possíveis fontes de água para processamento no sistema conduziu a complexos de produção de fotolitografia em que é utilizada água desionizada, com propriedades próximas das propriedades que assumimos serem as mais necessárias e adequadas para a manutenção de óculos ópticos de realidade aumentada.

Para efeitos de comparação, foram também consideradas e analisadas a água destilada e a água profundamente purificada, mas as propriedades e qualidades da água desionizada continuaram a ser preferidas.

Foram também analisadas as possibilidades de utilização futura da água desionizada, tanto após o tratamento no reator eletroquímico como antes do tratamento, nos processos de preparação de várias emulsões para posterior aplicação em trabalhos de assistência em óculos de realidade aumentada.

Testes experimentais mostraram a possibilidade de obter emulsões de alta qualidade tanto com água desionizada antes do tratamento como com água após alteração do nível de acidez neutra ou alcalinidade.

Figura 22

A figura mostra um modelo de produto simplificado de um produto que está a ser testado diretamente nas instalações da empresa em fase de arranque no âmbito de uma incubadora tecnológica.

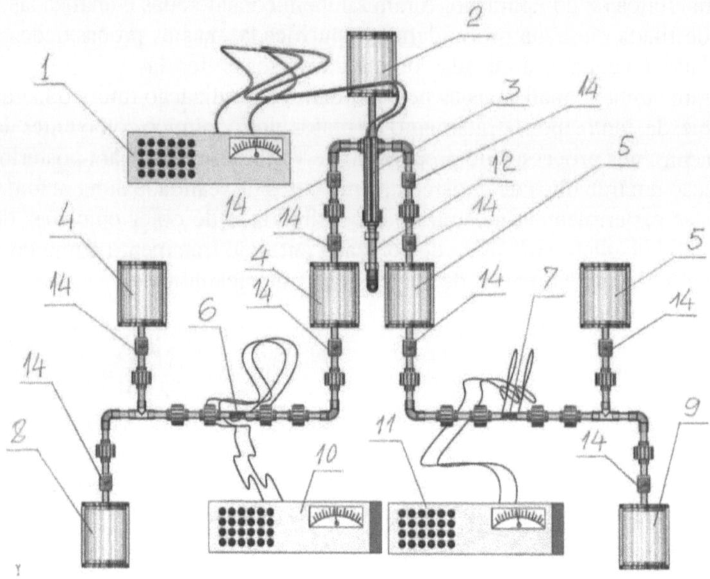

Figura 23

Sistema modelo para a correção bidirecional da acidez e da alcalinidade da água desionizada:

12 - tubagem de entrada no reator eletroquímico

14 - válvulas de controlo e de regulação

15, 16 - sensores de fluxo de fluido

17 - cabos de ligação

A seleção e a análise de várias opções acabaram por mostrar que a opção mais adequada é a água desionizada, que é amplamente utilizada na microeletrónica e é um componente familiar da tecnologia de fotolitografia. Esta água é produzida em quantidades significativas e o seu custo é relativamente baixo.

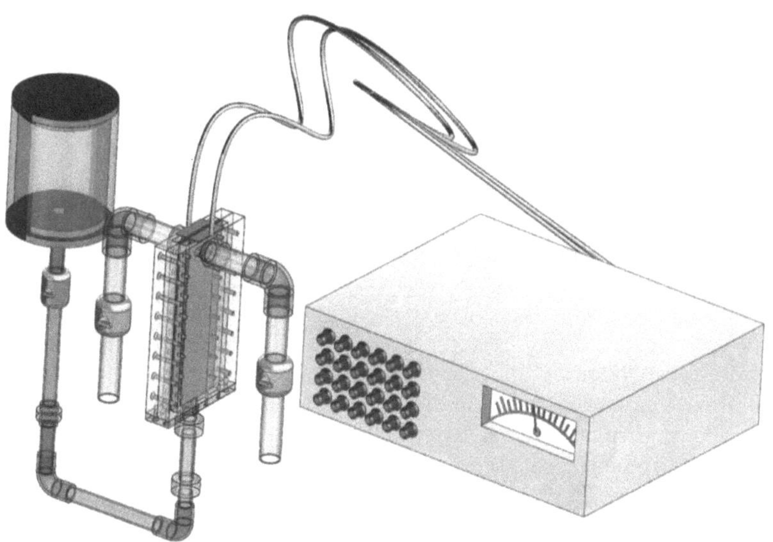

Figura 24

Modelo de reator eletroquímico com alimentação eléctrica

Uma vez que esta tecnologia é recomendada para utilização pela primeira vez, foi necessário produzir o protótipo mais simples para testar em condições reais a possibilidade de implementação prática de várias tecnologias inovadoras, a primeira das quais foi a técnica e tecnologia do reator eletroquímico. No referido reator, as células de eléctrodos têm zonas de trabalho separadas por uma membrana neutra situada simetricamente entre dois eléctrodos. Como um dos princípios importantes da operacionalidade das células de eléctrodos, a água desionizada é processada num fluxo ascendente desenvolvido. A distância entre os planos de trabalho dos eléctrodos é de apenas 3 milímetros, sendo a espessura da membrana de 1 milímetro.

Assim, a espessura do fluxo de líquido numa célula de eléctrodos deste tipo é de apenas 1 milímetro. Esta espessura do fluxo permitiu aumentar drasticamente a densidade da corrente até 100 amperes por decímetro quadrado, o que, por sua vez, permitiu realizar a correção eletroquímica da acidez e da alcalinidade na água, muito próxima, nos seus parâmetros e propriedades, do líquido dielétrico.

Uma vez que o fluido resultante tem dois fluxos à saída do sistema, é possível utilizar tanto água altamente alcalina como água altamente ácida para tratar a ótica dos óculos de realidade aumentada.

Desta forma, foi possível limpar a superfície dos vidros ópticos de microorganismos e bactérias utilizando água com um fundo ácido e limpar os contaminantes de gordura utilizando água com um fundo alcalino.

É de salientar que, uma vez que o sistema de preparação e tratamento da água desionizada é de conceção muito simples, utiliza os materiais e componentes de construção mais utilizados em engenharia mecânica, pode ser instalado em qualquer pequena empresa comercial que venda dispositivos e óculos ópticos, incluindo óculos de realidade aumentada, tanto nas modificações actuais como nas futuras.

Há mais um fator que não está relacionado apenas com as especificidades e os requisitos da ótica dos óculos de realidade aumentada, mas em geral com os dispositivos ópticos de utilização geral

Este é um efeito anti-alérgico. Uma vez que no reator eletroquímico do sistema o fornecimento de corrente ao cátodo e ao ânodo da célula do elétrodo é efectuado a partir de uma fonte de energia, o fenómeno de ajuste dos parâmetros líquidos em duas direcções é absolutamente proporcional na presença da mesma área da superfície ativa dos eléctrodos, a uma densidade de corrente equivalente - ou seja, tanto a reação ácida de uma parte do fluxo como a reação alcalina da segunda parte do fluxo não causam quaisquer reacções alérgicas em utilização simultânea.

Este fenómeno altera fundamentalmente as qualidades de consumo do sistema, não só para os óculos de realidade aumentada, mas também para quaisquer outros dispositivos ópticos.

Como em todos os sistemas para o tratamento eletroquímico dinâmico de líquidos, e especialmente para o tratamento de líquidos com baixa condutividade de corrente, a conceção da célula de eléctrodos é de importância crítica. Todas as caraterísticas de conceção dessa célula, todos os materiais dos eléctrodos, os materiais e a conceção da membrana neutra e os materiais e a conceção do invólucro da célula são tidos em conta. Como se verificou, um potencial especial de eficiência é inerente à aplicação de eléctrodos feitos de compósitos carbono-carbono (o fenómeno da aplicação destes materiais será descrito em publicações subsequentes).

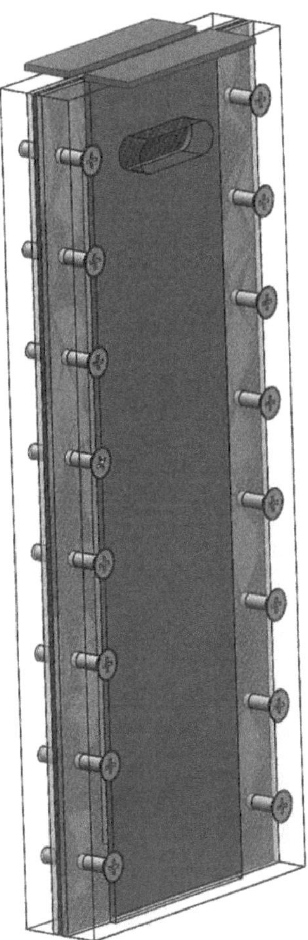

Figura 25

Modelo de célula de eléctrodos de um reator eletroquímico
A simplicidade da célula de eléctrodos determinou a simplicidade de todo o sistema de tratamento de água.

Figura 26

Fotografia de um sistema de correção real da acidez e da alcalinidade da água desionizada.

As fotografias do sistema real - protótipo demonstram a extrema simplicidade do projeto e, consequentemente, o seu baixo custo com um funcionamento muito conveniente. Um sistema deste tipo pode ser instalado e operado em quase todos os complexos comerciais sem despesas especiais e com a ajuda de produtos produzidos com a sua ajuda, para elevar o nível de serviço deste tipo de produtos ao nível da perfeição tecnológica de todos os dispositivos ópticos actuais e futuros.

É preciso dizer que, se fizermos uma análise estrutural mais profunda de todas as possibilidades e caraterísticas do sistema mencionado, podemos ver que este sistema, em soluções locais complexas e em muitas soluções locais privadas, permite-nos aumentar significativamente a gama de influência sobre os resultados e a qualidade do funcionamento de produtos inovadores em condições modernas.

Além disso, o caso particular do sistema acima referido, com um mínimo de modificação e otimização, permite abrir possibilidades completamente novas, o que, no caso da conceção tridimensional do sistema, pode dar um impulso à síntese de outras ideias sobre a melhoria do sistema e a modernização do próprio sistema, a fim de obter um novo sistema que abra direcções científicas e tecnológicas mais promissoras. Como exemplo, tomemos o esquema já mencionado da estrutura dos eléctrodos porosos volumétricos. Tomemos vários elementos deste esquema e tentemos prever possíveis variantes para modificações com o resultado final de obter um novo produto. Voltemos ao modelo tridimensional dos eléctrodos.

Como indicámos anteriormente, um dos componentes dos eléctrodos são peças feitas de materiais compósitos carbono-carbono. Se considerarmos uma versão do desenho do elétrodo como um elétrodo composto, quando o corpo do elétrodo tem pelo menos dois elementos, por exemplo, uma tira de titânio revestida com um polímero condutor revestido no lado de contacto com a água com um tecido de carbono-carbono obtido por pirólise e saturação de tecido de viscose com carbono.

Este tecido tem uma excelente condutividade com uma permeabilidade muito boa

Os produtos fabricados com este tipo de tecido podem funcionar a temperaturas muito elevadas, mas os próprios tecidos podem suportar temperaturas até vários milhares de graus.

Como a prática tem demonstrado, a partir deste tecido, com um determinado tratamento eletroquímico, podem ser obtidos guardanapos necessários em medicina e, de acordo com os resultados dos testes, apresentaram resultados elevados, especialmente no tratamento e prevenção de queimaduras.

Agora voltemos ao serviço - para **além** da água com fundo ácido e alcalino para a limpeza ou lavagem da superfície da lente, são também necessários toalhetes. O processamento final dos toalhetes pode ser efectuado no mesmo equipamento e a utilização desses toalhetes com efeito absolutamente neutro na superfície do vidro e possíveis variantes de materiais poliméricos pode dar um impulso adicional de qualidade ao serviço de tipos inovadores de óculos e não só.

Existem ideias sobre a utilização do tecido carbono-carbono em muitos módulos especiais para a purificação e regeneração da água e das soluções aquosas, o que constitui uma perspetiva para a introdução mais complexa destas tecnologias na técnica de purificação da água por permuta iónica com a aplicação de zeólito natural como material de permuta iónica.

Se continuarmos a modelar a situação, podemos propor a construção de cápsulas feitas de tecido de carbono-carbono com uma carga de grânulos de zeólito e a cápsula (o tecido de carbono-carbono é um excelente condutor de eletricidade) pode ser ligada a uma fonte de energia, ou seja, a purificação por permuta iónica pode ser combinada numa tal construção, quer com tratamento e ativação num campo eletromagnético, quer com tratamento em condições de aquecimento.

A procura de um nicho livre no domínio tecnológico acima mencionado continua com uma intensidade excecional, mas, mais uma vez, o nível desta intensidade não é completamente claro, uma vez que a intensidade da proteção de patentes destas soluções não corresponde ao nível declarado de desenvolvimento destes projectos e também ao nível declarado de amplitude da procura de novas soluções técnicas

Uma análise pormenorizada da situação das patentes e das licenças mostra que, neste grupo de produtos e tecnologias, é muito difícil identificar uma solução técnica de base, uma vez que as soluções técnicas individuais se sobrepõem umas às outras e é praticamente impossível determinar qual das soluções técnicas garante a obtenção de um resultado final ideal.

Além disso, tendo em conta o facto de muitas caraterísticas distintivas das soluções técnicas em que se baseiam as tecnologias de realidade aumentada serem, para muitas pessoas, bastante óbvias, mas à primeira vista não necessárias, a sua necessidade é uma invenção da imaginação e não uma necessidade urgente.

Em qualquer caso, o sucesso comercial da introdução de produtos inovadores no mercado depende diretamente do grau de preparação de toda a infraestrutura e do consumidor para perceber a novidade deste produto e da formulação correta dos requisitos para o novo produto, bem como da formulação correta do grau de expectativas do utilizador relativamente à introdução e utilização do novo produto.

Deve notar-se que, infelizmente, até à data, não existe documentação regulamentar, incluindo normas e instruções que regulem tanto a técnica de funcionamento desses produtos **como** o procedimento de operações para garantir o nível de qualidade necessário para o funcionamento desses produtos e, mais importante ainda, **o** nível necessário de segurança aquando da sua utilização.

O impacto de produtos complexos, como os óculos de realidade aumentada, em todos os aspectos da saúde dos utilizadores ainda não foi estudado, especialmente a longo prazo.

Existem preocupações sérias e bem fundamentadas de que alterações significativas nas capacidades técnicas dos novos óculos possam levar, entre outras coisas, a desvios psicológicos mentais na perceção da realidade.

Com base numa vasta experiência na seleção, desenvolvimento e implementação de óculos do tipo standard, o autor deste artigo acredita que o estereótipo de utilizador desenvolvido de aplicação na prática quotidiana de dispositivos ópticos, incluindo óculos, estará em dissonância ou mesmo em conflito com as oportunidades invulgares e específicas que trazem produtos ópticos inovadores deste tipo, incluindo óculos de realidade aumentada.

É claro que um opositor pode objetar e recomendar que os utilizadores estejam preparados para perceber corretamente o novo produto, para utilizar corretamente o novo produto e para apoiar corretamente a correção e o desempenho dos elementos de um novo produto invulgar, especialmente as lentes ópticas.

O autor deste artigo considera que, em primeiro lugar, os criadores dos produtos inovadores mencionados devem começar a verificar todos os aspectos da situação do mercado desde o momento em que surge a ideia de um novo produto ou tecnologia e, à medida que o grau de sucesso do projeto se torna mais claro, são os criadores que devem estar em estreita ligação com as companhias de seguros para determinar o grau de perigo dos novos produtos para a saúde dos utilizadores. Em princípio, o processo de harmonização entre o criador do produto e os seus potenciais utilizadores é conhecido há muito tempo.

Tendo em conta a necessidade de manter um certo nível de confidencialidade para os autores da ideia e para os criadores de técnicas e tecnologias, naturalmente que o processo dessa coordenação pode ser iniciado pelo facto de se prepararem os requisitos técnicos iniciais para um novo produto e um conjunto de tecnologias para a sua utilização e funcionamento. Naturalmente, todos os parâmetros significativos dos requisitos técnicos iniciais na fase da sua formulação terão de ser harmonizados com parâmetros semelhantes ou de alguma forma relacionados com as normas actuais. Neste caso, a harmonização pode ser efectuada ao nível do instituto de normalização, o que preservará a confidencialidade e protegerá a ideia da curiosidade de potenciais concorrentes. Assim, nesta variante da organização do processo de aprovação, o primeiro a responder a potenciais questões será o instituto de normalização, a qualificação dos seus especialistas não suscita quaisquer dúvidas. No entanto, a própria ideia de criar tais óculos tem um potencial sério e será muito mais procurada se as tecnologias de serviço e o equipamento básico para a sua implementação forem criados em paralelo.

Figura 27

A figura mostra um banco de ensaio numa grande empresa, onde o produto de uma startup que trabalha no âmbito de uma incubadora tecnológica está a ser testado mediante acordo prévio.

Figura 28

A figura mostra um banco de ensaio numa grande empresa, onde o produto de uma startup que trabalha no âmbito de uma incubadora tecnológica está a ser testado mediante acordo prévio.

Figura 29

A figura mostra um banco de ensaios numa grande empresa, onde está a ser testado, mediante acordo prévio, um produto de uma startup que trabalha no âmbito de uma incubadora tecnológica.

Figura 30

A figura mostra um banco de ensaio numa grande empresa, onde o produto de uma startup que trabalha no âmbito de uma incubadora tecnológica está a ser testado mediante acordo prévio.

Figura 31

A figura mostra um banco de ensaios numa grande empresa, onde está a ser testado, mediante acordo prévio, um produto de uma startup que trabalha no âmbito de uma incubadora tecnológica.

Lista da literatura utilizada e informações sobre patentes e licenças

Anexo 1

Pedido de patente dos Estados Unidos	**20180031836**
Tipo de código	**A1**
Johnson; Lonny Eric; et al.	**1 de fevereiro de 2018**

ÓCULOS INTELIGENTES COM FILTRAGEM DE LUZ INTERFERENTE

Resumo

Um par de *óculos* inteligentes com filtragem de luz interferente inclui uma armação *de óculos* que define um percurso de visualização horizontal e um ecrã semi-transparente apoiado na armação *de óculos* e posicionado no percurso de visualização horizontal. Um mecanismo de projeção é suportado na armação *dos óculos* e tem uma lente de projeção posicionada acima do percurso de visualização horizontal. O mecanismo de projeção está configurado para projetar conteúdo virtual no ecrã semitransparente, com uma superfície exterior da lente de projeção virada para uma superfície posterior do ecrã semitransparente. Um escudo polarizado semi-transparente é suportado na armação *dos óculos* e está posicionado abaixo do percurso de visualização horizontal, com uma superfície interior do escudo polarizado semi-transparente virada para a superfície exterior da lente de projeção. O escudo polarizado semi-transparente está posicionado para filtrar a luz interferente que passa através do escudo polarizado semi-transparente e em direção à lente de projeção.

Anexo 2

Pedido de patente dos Estados Unidos	**20170307787**
Tipo de código	**A1**
Kawamura; Takumi	**26 de outubro de 2017**

APARELHO DE MONTAGEM NA CABEÇA E APARELHO DE PREENSÃO

Resumo

Um aparelho montado na cabeça que evita a influência da luz exterior e é fácil de usar mesmo para um utilizador que usa *óculos*. O aparelho de montagem na cabeça inclui uma unidade de visualização que apresenta uma imagem ao utilizador e um elemento de proteção contra a luz que protege a periferia dos olhos do utilizador contra a luz exterior quando o aparelho de montagem na cabeça é montado na cabeça do utilizador, em que é formada uma abertura no elemento de proteção contra a luz nas regiões orbitais do utilizador.

Anexo 3

Pedido de patente dos Estados Unidos	**20150378155**
Tipo de código	**A1**
KUEHNE; Marcus ; et al.	**31 de dezembro de 2015**

MÉTODO DE FUNCIONAMENTO DE ÓCULOS *DE REALIDADE* VIRTUAL E SISTEMA COM ÓCULOS *DE REALIDADE* VIRTUAL

Resumo

Um método para operar *óculos de realidade* virtual envolve a apresentação de pelo menos um objeto virtual pelos *óculos de realidade* virtual a partir de uma posição de visualização virtual e a deteção contínua de uma posição dos *óculos de realidade* virtual e o ajuste de um espaçamento virtual entre a posição de visualização virtual e o objeto virtual. Quando a posição de visualização virtual passa por uma superfície que delimita um elemento do objeto a partir do exterior, a representação do elemento é alterada. Além disso, pode ser utilizado um sistema com *óculos de realidade* virtual.

Anexo 4

Pedido de patente dos Estados Unidos	**20160034042**
Tipo de código	**A1**
JOO; Ga-hyun	**4 de fevereiro de 2016**

ÓCULOS PORTÁTEIS E MÉTODO DE FORNECIMENTO DE CONTEÚDOS UTILIZANDO OS MESMOS

Resumo

São fornecidos *óculos portáteis*. *Os óculos* portáteis incluem um circuito de deteção, uma interface de comunicação, um ecrã e um controlador. O circuito de deteção detecta informações de movimento de um utilizador que usa os *óculos portáteis*. A interface de comunicação recebe informações de mensagens de notificação. O visor apresenta a informação da mensagem de notificação dentro de um ângulo de visão do utilizador que usa os *óculos* portáteis. O controlador determina um estado de movimento do utilizador com base na informação de movimento detectada do utilizador e controla o ecrã para apresentar a informação da mensagem de notificação recebida de acordo com o estado de movimento do utilizador.

Anexo 5

Pedido de patente dos Estados Unidos   **20180005421**
Tipo de código   **A1**
PARK; Jisoo ; et al.   **4 de janeiro de 2018**

TERMINAL MÓVEL DO TIPO ÓCULOS E MÉTODO DE FUNCIONAMENTO DO MESMO

Resumo

Um terminal móvel tipo óculos inclui um ecrã configurado para apresentar uma imagem *de realidade* virtual e um controlador configurado para adquirir informações sobre a *realidade* a partir de um terminal móvel ligado ao terminal móvel *tipo óculos* e controlar a imagem *de realidade* virtual se for atingido um tempo de retorno *da realidade* que indique que a visualização da imagem *de realidade* virtual deve ser concluída com base nas informações sobre *a realidade* adquiridas.

Anexo 6

Pedido de patente dos Estados Unidos   **20170366805**
Tipo de código   **A1**
SEVOSTIANOV; PETR_._ __ VYACHESLAVOVICH   **21 de dezembro de 2017**

MÉTODO E SISTEMA DE VISUALIZAÇÃO DE OBJECTOS TRIDIMENSIONAIS

Resumo

Um sistema para a visualização de objectos tridimensionais utilizando meios *de visualização* bidimensionais que proporcionam simultaneamente, pelo menos, efeitos de paralaxe binocular e de paralaxe de movimento, o sistema compreende: um ecrã configurado para apresentar uma sequência de imagens; um par de *óculos* configurados para proporcionar uma separação estereoscópica das imagens, compreendendo *os óculos* pelo menos dois obturadores ópticos e pelo menos dois marcadores; dois conjuntos de sensores ópticos; dois dispositivos de leitura e processamento configurados para ler dados de uma área do conjunto de sensores ópticos e para determinar as coordenadas 2D dos marcadores um dispositivo de previsão das coordenadas do marcador configurado para extrapolar as coordenadas dos marcadores de modo a que o atraso global efetivo não exceda 5 ms; um dispositivo de cálculo das coordenadas 3D do marcador; um dispositivo de formação de cenas 3D; e pelo menos um dispositivo de saída de imagem. A invenção inclui também um método correspondente de apresentação de objectos tridimensionais e proporciona uma representação realista de objectos tridimensionais a um ou mais espectadores.

Anexo 7

Pedido de patente dos Estados Unidos   **20170371164**
Tipo de código   **A1**
Liao; Chunyuan   **28 de dezembro de 2017**

ÓCULOS INTELIGENTES PORTÁTEIS

Resumo

Os óculos inteligentes são constituídos por uma armação *de óculos*. *Os óculos* inteligentes compreendem ainda um par de pernas de óculos ligadas respetivamente a duas partes laterais da armação *dos óculos*, tendo cada uma das pernas de óculos uma primeira extremidade e uma segunda extremidade, em que a segunda extremidade de cada uma das pernas *de óculos* se dobra para dentro para formar uma primeira porção de arco. Além disso, os *óculos* inteligentes compreendem ainda um par de elementos de fixação, cada um deles disposto numa das pernas *dos óculos*, em que cada um dos elementos de fixação compreende um elemento de fixação elástico, estando o referido elemento de fixação elástico disposto no lado interior da referida segunda extremidade, em que o referido elemento de fixação elástico tem uma extremidade livre que se dobra para dentro para formar uma segunda porção em arco.

Anexo 8

Pedido de patente dos Estados Unidos	**20160173865**
Tipo de código	**A1**
PARK; Sung Woo	**16 de junho de 2016**

ÓCULOS PORTÁTEIS, MÉTODO DE CONTROLO E SISTEMA DE
CONTROLO DE VEÍCULOS

Resumo

Os óculos vestíveis incluem um primeiro captador para fotografar uma
parte frontal, um segundo captador para seguir a direção do olhar de um
utilizador, e um controlador para fazer corresponder uma imagem alvo
captada pelo primeiro captador com um mapa interior tridimensional (3D)
de um veículo correspondente à imagem alvo, e determinar a direção da
cabeça do utilizador. O controlador especifica um objeto correspondente ao
olhar do utilizador na imagem alvo com base na direção da cabeça
determinada e na direção do olhar do utilizador. Deste modo, a
conveniência do utilizador é melhorada.

Printed by Books on Demand GmbH, Norderstedt / Germany